T/CAGHP 052—2018

目　次

前言	Ⅲ
引言	Ⅴ
1 范围	1
2 规范性引用文件	1
3 术语与定义	1
4 总则	2
4.1 监测目的	2
4.2 监测工作程序与现场调查	2
4.3 监测设计要求	3
5 监测分级	3
5.1 一般规定	3
5.2 地质灾害危害等级划分	3
5.3 地质灾害深部位移监测级别划分	3
6 监测项目	5
6.1 一般规定	5
6.2 地质灾害深部位移监测项目	5
7 监测方法及技术要求	6
7.1 一般规定	6
7.2 深部水平位移监测	7
7.3 深部竖向位移监测	8
7.4 钻孔测斜仪监测技术要求	8
7.5 滑动测微计、滑动变形计监测技术要求	8
7.6 钻孔位移计监测技术要求	9
7.7 分层沉降仪监测技术要求	9
8 监测网布设	9
8.1 一般规定	9
8.2 监测剖面布设	9
8.3 监测孔布设	10
8.4 监测点布设	11
9 成果资料整理	11
9.1 一般规定	11
9.2 监测数据处理	12
9.3 监测报告	12
附录 A（资料性附录） 地质灾害稳定现状评判表	13
附录 B（资料性附录） 地面沉降发育程度和地裂缝灾害规模分级表	15

Ⅰ

附录 C（资料性附录） 钻孔现场记录表式 ………………………………………………………… 16
附录 D（资料性附录） 现场钻孔柱状图式 ………………………………………………………… 17
附录 E（规范性附录） 监测仪器技术参数要求 …………………………………………………… 18
附录 F（规范性附录） 监测点埋设技术要求 ……………………………………………………… 19
附录 G（资料性附录） 地质灾害深部位移监测记录数据格式 …………………………………… 24
附录 H（资料性附录） 地质灾害深部位移监测网布设 …………………………………………… 26
附录 I（资料性附录） 地质灾害深部位移监测成果报告提纲 …………………………………… 29

前　言

本标准按照 GB/T 1.1—2009《标准化工作导则　第 1 部分：标准的结构和编写》给出的规则起草。

本标准由中国地质灾害防治工程行业协会提出并归口。

本标准起草单位：中国科学院武汉岩土力学研究所、长江岩土工程总公司（武汉）、云南省交通规划设计研究院、山东大学、长江水利委员会长江科学院、航天科工惯性技术有限公司和陕西煤业化工技术研究院。

本标准主要起草人：盛谦、向能武、朱泽奇、张发春、房锐、李术才、冯建伟、熊诗湖、万顺平、王苏健、陈健、冷先伦、林仕祥、李果、陈国良、李利平、石少帅、范雷、王帅、李绍军、孙芳、张文鹏、陈通、黄克军。

本标准由中国地质灾害防治工程行业协会、中国科学院武汉岩土力学研究所负责解释。

引 言

为规范地质灾害深部位移监测工作、提高地质灾害深部位移监测水平和统一工作方法与技术要求，确保监测工作安全适用、准确可靠、技术先进、经济合理，结合我国地质灾害特点，特制定本标准。

地质灾害深部位移监测技术规程(试行)

1 范围

本标准规定了利用钻孔观测地质灾害体深部位移的相关监测项目、监测方法、监测孔布设以及监测资料整理工作的技术要求。

本标准适用于崩塌、滑坡、地面塌陷、地面沉降和地裂缝等地质灾害深部位移监测工作。泥石流及其他行业的地质灾害深部位移监测可参照执行。

2 规范性引用文件

下列文件对于本文件的应用是必不可少的。凡是注日期的引用文件,仅所注日期的版本适用于本文件。凡是不注日期的引用文件,其最新版本(包括所有的修改单)适用于本文件。

GB 4208　外壳防护等级
CECS 369　滑动测微测试规程
DZ/T 0221　滑坡、崩塌、泥石流监测规范
DZ/T 0227　滑坡、崩塌监测测量规范
DZ/T 0269　地质灾害灾情统计
DZ/T 0283　地面沉降调查与沉降规范
DG/TJ 08—2051　地面沉降监测与防治技术规程
JB/T 12204　滑动式岩土测斜仪
YS 5229　岩土工程监测规范

3 术语与定义

下列术语与定义适用于本文件。

3.1
深部位移 deep displacement
地质灾害体内部不同深度处的水平位移和竖向位移。

3.2
水平位移 horizontal displacement
地质灾害体地层位移量或变形值沿水平方向的分量。

3.3
竖向位移 vertical displacement
地质灾害体地层位移量或变形值沿竖直方向的分量。

3.4
监测孔 monitoring borehole

通过在钻孔内部，沿钻孔轴向按一定间距直接或间接布设一组监测点，反映被监测对象水平或竖向位移的观测孔。

3.5
监测点 observation point

直接或间接布设在钻孔内部，能够反映被监测对象变形特征的观测点。

4 总则

4.1 监测目的

4.1.1 监测滑坡、崩塌、地面塌陷、地面沉降和地裂缝等地质灾害深部位移变化规律及其发展趋势，分析其变形机制、活动方式和诱发变形破坏的可能性及主要影响因素。

4.1.2 研究和掌握地质灾害变形破坏的范围、深度和变形破坏带的活动特征与发展规律，从而为灾害防治提供资料，并指导防治工程设计、施工，检验防治工程效果。

4.2 监测工作程序与现场调查

4.2.1 监测工作程序

  a) 接受委托。
  b) 收集资料，现场踏勘。
  c) 制定监测方案，编制监测设计书。
  d) 监测孔布置、施工与验收，设备、仪器校验和传感器组件标定。
  e) 现场监测及传输数据。
  f) 监测数据的计算、整理、分析及信息反馈。
  g) 提交阶段性监测结果和报告。
  h) 监测工作结束后，提交完整的监测资料和监测总结报告。

4.2.2 资料收集

  a) 收集和熟悉地质灾害的勘察、评估、设计资料，以及所在区域的监测等相关资料。
  b) 收集地质灾害形成条件与诱发因素资料，包括气象、水文、地形地貌、地层与构造、地震、水文地质、工程地质等。
  c) 收集地质灾害周边环境条件资料。可采用拍照、录像等方法保存有关资料。

4.2.3 现场调查工作

  a) 复核相关资料与现状的关系和符合程度，确定深部位移监测项目现场实施的可行性。
  b) 查明已发生（或潜在）的各种地质灾害的形成条件、分布类型、活动规模、变形特征、诱发因素与形成机制等。
  c) 对地质灾害体的重点部位和影响范围内的建（构）筑物等，宜进行拍照、录像或绘制素描图。
  d) 查明地质灾害对生命财产和工程设施造成的危害程度。

e) 根据地质灾害体新近的变化情况及演化趋势预测，对地质灾害体的稳定性、发展趋势及危害程度进行现状评估，可采用工程地质类比法、成因历史分析法、极射赤平投影法等定性、半定量的评估方法，条件允许情况下，也可采用极限平衡法、数值模拟法等定量评估方法。

f) 在资料收集分析和现场踏勘、调查的基础上，编制调查报告。

4.3 监测设计要求

4.3.1 应综合考虑地质灾害的类型与特点、地质灾害产生的地质背景与形成条件，以及监测目的、任务要求及测区条件等因素，编制监测设计书。

4.3.2 监测设计书包括以下内容：
   a) 监测目的与任务。
   b) 地质灾害体特征与监测环境条件。
   c) 深部位移监测分级、监测项目。
   d) 监测网布设。
   e) 人工巡视、深部位移监测方法及精度要求。
   f) 监测期及监测频率。
   g) 仪器设备及检定要求。
   h) 监测数据分析。
   i) 监测成果报告。

4.3.3 地质灾害深部位移监测工作应按经批准的监测设计书实施。当地质灾害有重大变化时，应研究调整监测方案并及时报批。

5 监测分级

5.1 一般规定

5.1.1 实施地质灾害深部位移监测前，应根据地质灾害危害等级和地质灾害体稳定性状态或发育程度、规模进行地质灾害深部位移监测分级。

5.1.2 在监测实施过程中，若地质灾害体的稳定状态发生变化时，地质灾害深部位移监测级别应按本标准的有关规定进行调整。

5.2 地质灾害危害等级划分

5.2.1 地质灾害危害对象应根据地质灾害所危及的范围确定，包括城镇、村镇、主要居民点以及矿山、交通干线、水库等重要公共基础设施。

5.2.2 地质灾害危害等级应根据经济损失和危害对象，按表1确定。

5.3 地质灾害深部位移监测级别划分

5.3.1 滑坡、崩塌深部位移监测级别应根据地质灾害体的稳定现状和危害等级，按表2确定。

5.3.2 滑坡、崩塌稳定现状宜由地质灾害勘查或危险性评估结果确定。当无相关资料时，滑坡的稳定现状宜采用地质分析法、极限平衡法等确定，也可依据滑坡野外特征按附录A表A.1判定；崩塌的稳定现状宜采用地质分析法、极射赤平投影法、力学分析法等确定。

表 1 地质灾害危害等级划分表

评价要素		危害等级		
		Ⅰ级	Ⅱ级	Ⅲ级
经济损失		直接经济损失≥500万元或潜在的经济损失≥5 000万元	直接经济损失100万元～500万元或潜在的经济损失500万元～5 000万元	直接经济损失≤100万元或潜在的经济损失≤500万元
危害对象	城镇	死亡人数≥10人或威胁人数≥100人	死亡人数3人～10人或威胁人数10～100人	死亡人数≤3人或威胁人数≤10人
	交通道路	客运专线，一、二级铁路，高速公路及省级以上公路	三级铁路、县级公路	铁路支线、乡村公路
	大江大河	大型以上水库、重大水利水电工程	中型水库、省级重要水利水电工程	小型水库、县级水利水电工程
	矿山	大型矿山	中型矿山	小型矿山

表 2 滑坡、崩塌深部位移监测级别划分表

滑坡、崩塌稳定现状	危害等级		
	Ⅰ级	Ⅱ级	Ⅲ级
不稳定	一级	一级	二级
欠稳定	一级	二级	三级
稳定	二级	三级	三级

5.3.3 地面塌陷深部位移监测级别应根据地质灾害体的稳定状态及危害等级，按表3确定。

表 3 地面塌陷深部位移监测级别划分表

地面塌陷稳定现状	危害等级		
	Ⅰ级	Ⅱ级	Ⅲ级
不稳定	一级	一级	二级
基本稳定	一级	二级	三级
稳定	二级	三级	三级

5.3.4 地面塌陷稳定现状宜由地质灾害勘查或危险性评估结果确定。当无相关资料时，采空地面塌陷稳定现状宜采用工程地质分析法、地表移动变形判别法、极限平衡法和数值模拟法等确定，也可依据采深采厚比，按附录A表A.2a判定，或依据地表变形实测资料按附录A表A.2b判定；岩溶地面塌陷稳定现状可根据岩溶区微地貌、堆积物性状、地下水埋藏及活动情况，按附录A表A.3判定。

5.3.5 地面沉降深部位移监测级别应根据地面沉降发育程度及危害等级，按表4确定。

表4 地面沉降深部位移监测级别划分表

地面沉降发育程度	危害等级		
	Ⅰ级	Ⅱ级	Ⅲ级
强	一级	一级	二级
中	一级	二级	三级
弱	二级	三级	三级

5.3.6 地面沉降发育程度宜由地质灾害勘查或危险性评估结果确定。当无相关资料时,地面沉降发育程度可依据近5年平均沉降速率或20年以来的累计地面沉降,按附录B表B.1确定。

5.3.7 地裂缝地表变形监测级别应根据地裂缝灾害规模及危害等级,按表5确定。

表5 地裂缝深部位移监测级别划分表

地裂缝发育程度	危害等级		
	Ⅰ级	Ⅱ级	Ⅲ级
巨型	一级	一级	二级
大型	一级	二级	三级
中型	二级	二级	三级
小型	二级	三级	三级

5.3.8 地裂缝灾害规模可依据地裂缝长度和影响宽度,按附录B表B.2的规定进行分级。

6 监测项目

6.1 一般规定

6.1.1 地质灾害深部位移监测项目应根据地质灾害的特点、监测工作级别以及设计施工的要求综合确定,并能反映监测对象的变化特征和安全状态。

6.1.2 在监测实施过程中,若地质灾害的监测级别发生变化时,地质灾害的监测项目应按本标准有关规定进行调整,但不宜减少监测项目。

6.1.3 深部位移监测项目宜与其他规范规定的地质灾害监测项目配合使用,相互印证、综合分析、对比研究。

6.2 地质灾害深部位移监测项目

6.2.1 滑坡、崩塌深部位移监测项目应根据灾害体的特点和监测级别,按表6确定。

表6 滑坡、崩塌深部位移监测项目表

监测项目	监测级别		
	一级	二级	三级
水平位移	应测	应测	宜测
竖向位移	宜测	可测	可测

6.2.2 地面塌陷深部位移监测项目应根据灾害体的特点和监测级别，按表7确定。
6.2.3 地面沉降深部位移监测项目应根据灾害体的特点和监测级别，按表8确定。
6.2.4 地裂缝深部位移监测项目应根据灾害体的特点和监测级别，按表9确定。

表7 地面塌陷深部位移监测项目表

监测项目	监测级别		
	一级	二级	三级
水平位移	宜测	可测	可测
竖向位移	应测	应测	宜测

表8 地面沉降深部位移监测项目表

监测项目	监测级别		
	一级	二级	三级
水平位移	宜测	可测	可测
竖向位移	应测	应测	宜测

表9 地裂缝深部位移监测项目表

监测项目	监测级别		
	一级	二级	三级
水平位移	应测	应测	宜测
竖向位移	宜测	可测	可测

7 监测方法及技术要求

7.1 一般规定

7.1.1 地质灾害深部位移监测，应在钻孔中设计监测点，采用深部位移监测设备进行监测；当现场勘查或其他监测结果显示崩塌、滑坡等地质灾害处于急剧变形阶段时，不宜布设监测孔开展深部位移监测，可结合地质灾害应急监测规范开展应急监测。

7.1.2 钻孔孔径应满足监测孔布设要求，钻进工艺应满足地层编录的需要，钻孔施工过程中应同时完成钻孔编录，并根据钻孔编录绘制钻孔柱状图。钻孔记录表应符合附录C要求，现场钻孔柱状图宜按附录D的图式绘制。

7.1.3 钻孔施工应满足下列要求：
   a) 钻孔开始前，先校核钻孔位置、方向和孔深。
   b) 应选择同轴度好、刚性强的地质钻机，配壁厚6 mm～8 mm的粗径钻具，并加钻杆扶正器，钻机的安放应坚固稳定。
   c) 钻孔深度宜大于监测孔深度1 m～2 m。
   d) 钻孔轴线每100 m累计顶角变化应不超过1°；钻孔顶角变化超限时，应使用钻孔纠斜方法纠正。

e) 在不良地质条件下,应降低转速,减压钻进,如有塌孔,采用下套管和注浆扫孔法护壁。

f) 钻孔结束后仪器安装前用压力清水将钻孔冲洗干净。检查钻孔通畅情况,测量钻孔深度、方位、顶角。

7.1.4 地质灾害深部位移监测方法应考虑监测对象和监测项目的特点、监测级别、设计要求、精度要求、场地条件和当地工程经验等因素,本着技术可行、经济合理的原则综合确定。

7.1.5 地质灾害深部位移可采用新技术、新方法进行组合监测,监测数据应互相校核、互相验证,做出综合分析。在经济与场地条件允许的情况下,或判断对施测人员安全可能有不利影响时,宜实行数据自动化采集和实时监测,自动化监测须与人工测量校准,验证稳定后方可投入使用。

7.1.6 深部位移监测设备应满足监测精度要求,并应稳定、可靠,防护等级不小于IP66。监测设备应定期进行检定校准以及维护保养。

7.1.7 对同一监测项目,监测时宜符合下列要求:
a) 采用相同的监测方法和观测路线。
b) 使用同一监测仪器和设备。
c) 固定观测人员。
d) 在基本相同的环境和条件下工作。

7.1.8 深部位移监测点应在测试前7 d埋设完毕,在5 d~7 d内用深部位移监测设备对同一监测孔中的所有监测点均进行3次重复观测,判明处于稳定状态后,方可进行深部位移初始值测定,并取3次连续观测值的平均值作为初始值。

7.1.9 在地质灾害深部位移监测期间,应经常对地质灾害体进行巡视。地质巡视宜包括下列内容:
a) 地质灾害体地表裂缝的发生与发展变化。
b) 地质灾害体及附近地表水体、泉水点数与泉水流量。
c) 地质灾害体及周边建(构)筑物的变形破坏。
d) 地质灾害体局部有无坍塌、鼓胀、剪出现象。

7.1.10 当监测过程中发生下列情况之一时,必须立即报告委托方,同时应及时增加监测次数或调整监测方案:
a) 监测数据变化较大或者速率加快。
b) 监测数据达到或超出预警值。
c) 周边建(构)筑物突发较大或不均匀沉降或出现严重开裂,明显倾斜。

7.2 深部水平位移监测

7.2.1 深部水平位移宜采用钻孔测斜仪进行监测,也可采用滑动测微计、滑动变形计、钻孔位移计或其他满足精度要求的方法进行监测。

7.2.2 采用测斜仪进行深部水平位移监测时,应在竖直钻孔中预埋测斜管。

7.2.3 当采用滑动测微计、滑动变形计、钻孔位移计进行深部水平位移监测时,宜在水平钻孔中预埋测管或位移计,也可在与水平面成一定倾角的钻孔中预埋,但应将监测得到的沿钻孔轴向的位移通过角度转换,计算其水平位移。

7.2.4 深部水平位移计算时,应确定固定起算点,固定起算点可设在监测孔的顶部或底部;当监测孔底部未进入稳定岩土体或已发生位移时,应以孔顶为起算点,并应测量孔顶的平面坐标进行水平位移修正。

7.3 深部竖向位移监测

7.3.1 深部竖向位移宜采用钻孔测斜仪、分层沉降仪进行监测,也可采用滑动测微计、滑动变形计、钻孔位移计或其他满足精度要求的方法进行监测。

7.3.2 采用钻孔测斜仪进行深部竖向位移监测时,应在水平钻孔中预埋测斜管。

7.3.3 采用滑动测微计、滑动变形计和钻孔位移计进行深部竖向位移监测时,宜在竖直钻孔中预埋测管或位移计。也可在与竖直方向成一定倾角的钻孔中预埋,此时应将监测得到的沿钻孔轴向的位移通过角度转换,计算其竖向位移。

7.3.4 分层沉降仪可监测深部土体竖向位移变化,对于深部岩体竖向位移监测,不宜采用分层沉降仪。

7.3.5 深部竖向位移计算时,应确定固定起算点,固定起算点可设在监测孔的顶部或底部;当监测孔底部未进入稳定岩土体或已发生位移时,应以孔顶为起算点,并应测量孔顶的高程坐标进行竖向位移修正。

7.4 钻孔测斜仪监测技术要求

7.4.1 测斜仪的测量方式,一般宜采用活动式的,固定式的仅在实现活动式观测有困难或进行在线自动采集时采用。采用钻孔测斜仪进行深部位移监测,其系统精度不宜低于 0.25 mm/m,分辨率不宜低于 0.02 mm/500 mm,电缆长度应大于测斜孔深度。测斜仪技术参数要求见附录 E。

7.4.2 采用钻孔测斜仪进行深部位移监测,应在预先设计的钻孔中埋设测斜管,测斜管的埋设应符合本标准附录 F 第 F.1 条的规定。

7.4.3 深部位移监测前,宜用清水将测斜管内冲刷干净,并采用模拟探头进行试孔检查后,再将测斜仪探头放入测斜管底,静置等候 5 min,以便探头适应管内水温,监测时应注意仪器探头和电缆线的密封性,以防探头数据传输部分进水。

7.4.4 深部位移监测时,将探头导轮插入测斜管导槽内,缓慢下放至管底,然后由管底自下而上沿导槽逐段量测,记录测点深度和读数。测读完毕后,将测头旋转 180°插入同一对导槽内,以上述方法再测一次,测点深度应与第一次相同。

7.4.5 每一深度监测点均应进行正、反两次观测,并取其平均值为本次测值。每一深度的正、反两测值的绝对值之差不宜大于 0.05 %F·S,数据记录格式参见附录 G.1。

7.5 滑动测微计、滑动变形计监测技术要求

7.5.1 滑动测微计精度不宜低于 0.003 mm/m,分辨率不宜低于 0.001 mm/m;滑动变形计精度不宜低于 0.03 mm/m,分辨率不宜低于 0.01 mm/m。相关技术参数要求见附录 E。

7.5.2 采用滑动测微计或滑动变形计进行深部位移监测,应在预先设计的钻孔中埋设测管,测管的埋设应符合本规范附录 F 第 F.2 条的规定。

7.5.3 深部位移监测前,应检查并保证测试探头各密封圈完整无破损,连接各测试部件并确保各连接处螺丝拧紧,将探头放入测管内平衡探头与测管温度,同时测试系统开机预热,时间不宜少于 20 min;测试前后探头应在标定筒中进行标定获得零点位置和率定系数值。

7.5.4 进行深部位移监测时,旋转操作杆使探头处于测试位置,向回拉动操作杆,探头张开并使上下球形头与两测标紧密接触获得测试数据,记录观测数据和探头温度。

7.5.5 两相邻测标构成一个测试单元,同一测试单元重复观测不宜少于 3 次,观测数据间差值对滑

动测微计不大于0.003 mm,对滑动变形计不大于0.03 mm视为稳定,取中间值作为本次测值。数据记录格式参见附录G.2。

7.6 钻孔位移计监测技术要求

7.6.1 采用钻孔位移计进行深部位移监测,位移计精度不宜低于0.03 mm/m,分辨率不宜低于0.01mm/m。钻孔位移计技术参数要求见附录E。

7.6.2 采用钻孔位移计进行深部位移监测,应在预先设计的钻孔中埋设位移计,位移计的埋设应符合本标准附录F第F.3条的规定。

7.6.3 进行深部位移监测时,将数据采集仪与位移计的引出电缆对接。待显示数稳定后,记录仪器读数及温度。

7.6.4 同一测杆重复观测不宜少于3次,观测数据间差值不应大于1‰F·S,取中间值作为本次测值。数据记录格式参见附录G.3。

7.7 分层沉降仪监测技术要求

7.7.1 宜采用磁环式分层沉降仪进行深部位移监测,精度不宜低于0.1 mm。沉降仪技术参数要求见附录E。

7.7.2 采用分层沉降仪进行深部位移监测,应在预先设计的钻孔中埋设沉降管,沉降管的埋设应符合本标准附录F第F.4条的规定。

7.7.3 深部位移监测前,用一沉降环套住探头从上至下移动,检查探头与仪器是否正常工作。

7.7.4 采用分层沉降仪监测时,以孔口(或孔底)为标高,顺孔放入探头,当探头敏感中心与沉降环相交时,仪器发出"嘟"的响声,并伴有灯光指示,电表指示值同时变大。此时钢尺在参照点上的指示值即是沉降环所在深度值,记录测试数据。

7.7.5 应对磁环距管口深度采用进程和回程两次观测,并取进、回程读数的平均数作为本次测值。读数较差不应大于1.5 mm。数据记录格式参见附录G.4。

8 监测网布设

8.1 一般规定

8.1.1 深部位移监测网是由监测剖面、监测孔和监测点组成的三维立体监测体系,监测网应根据地质灾害的地质特征及其范围大小、形状、地形地貌特征和施测要求布设。

8.1.2 监测网的布设应能达到系统监测地质灾害的变形量、变形方向,掌握其时、空动态和发展趋势,满足地质灾害稳定性评价的要求。监测网可参照附录H选择,可采用其中一种网型,也可同时采用两种或两种以上网型,布设成综合网型。

8.1.3 监测剖面、监测孔和监测点的布设数量应根据工程监测级别、地质条件及监测方法的要求等综合确定,并应满足反映监测对象实际状态、位移变化规律及分析监测对象安全状态的要求。

8.2 监测剖面布设

8.2.1 监测剖面布设宜根据表10的规定选择。

表 10　地质灾害深部位移监测剖面数量表

监测级别	一级	二级	三级
监测剖面数量	不少于 3 条	不少于 2 条	不少于 1 条

8.2.2　对于滑坡、崩塌监测：
   a) 监测剖面应穿过滑坡、崩塌的不同变形地段或块体，应尽可能兼顾滑坡、崩塌的群体性和次生复活特征，还应兼顾外围小型滑坡、崩塌和次生复活的滑坡、崩塌。
   b) 监测剖面两端应进入稳定的岩土体中。
   c) 当滑坡、崩塌有明确的主滑方向和滑动范围时，监测剖面可布设成"十"字形和方格形；当变形具有 2 个以上方向时，监测剖面应布设 2 条以上；当滑动方向和滑动范围不明确的，监测网宜布设成扇形。
   d) 监测剖面应充分利用勘探剖面和稳定性计算剖面。

8.2.3　对于地面塌陷、地面沉降监测：
   a) 监测剖面应穿过地面塌陷、地面沉降的不同塌陷或沉降区域，还应充分考虑地面塌陷、沉降近期发展扩大的可能范围。
   b) 监测剖面两端应进入稳定的岩土体中。
   c) 监测剖面在塌陷、沉降范围内可成"十"字形布设，即纵向、横向监测剖面测线构成"十"字形。当存在 2 个或 2 个以上塌陷坑（洞）或沉降中心时，应结合塌陷坑（洞）或沉降中心分布情况，布设 1 条纵向测线和若干条横向测线，或 1 条横向测线和若干条纵向测线，监测网相应调整为"卄"或"丰"字形。
   d) 监测剖面应充分利用勘探剖面和稳定性计算剖面。

8.2.4　对于地裂缝监测：
   a) 监测剖面应穿过地裂缝发育带，还应充分考虑地裂缝延伸扩大的可能范围。
   b) 监测剖面两端应进入稳定的岩土体中。
   c) 无特殊情况时，监测剖面应垂直穿过地裂缝发育带，且监测剖面测线应近似以与地裂缝交叉处为中心，当地裂缝发育带为不规则线状时，监测剖面测线可适当调整穿越角度，尽可能多地控制地裂缝发育带影响区域。
   d) 监测剖面应充分利用勘探剖面和稳定性计算剖面。

8.3　监测孔布设

8.3.1　监测孔布设宜根据表 11 的规定选择，布设过程中优先满足监测孔数量要求。

表 11　地质灾害深部位移监测孔数量表

监测级别	一级	二级	三级
监测孔数量	不少于 4 个	不少于 3 个	不少于 2 个
监测孔布设间距	30 m～100 m	50 m～150 m	100 m～300 m

8.3.2　监测孔宜在监测剖面测线上或测线两侧 10 m 范围内布设。同时应考虑在地质灾害设计计算的位移最大部位、位移变化最大部位及反映地质灾害安全状态的关键部位等布设监测孔。

8.3.3　监测孔沿监测剖面测线布设，以下部位宜加密布设监测孔：

a) 滑坡体的鼓张裂隙带、拉张裂隙带、剪切裂隙带以及崩塌体顶部拉张裂隙带。
b) 易发生大变形部位[地裂缝边缘、地面塌陷坑（洞）和沉降中心附近]。

8.3.4 监测孔深度应根据地质条件和勘察设计资料综合确定,监测孔应穿越地质灾害发生变形破坏的潜在范围的岩土体,相应测管或保护套管底部宜埋设于稳定岩土层中。

8.3.5 监测孔应有自己独立的监测、预报功能,宜利用勘探工程中已有的钻孔来布设。

8.3.6 监测孔位置选定后,必须定名、编号,测定坐标与高程,标记在地形图上。

8.3.7 监测孔应设置监测标志,监测标志应稳固、明显、结构合理,监测孔的位置应避开障碍物,便于施测与观测。

8.3.8 监测孔孔口应设置保护装置或设施,且监测孔应及时清淤,以维持正常监测。

8.4 监测点布设

8.4.1 监测孔内部监测点设置：
a) 利用活动式测斜仪监测深部位移,其监测点沿测斜管轴线方向按 0.5 m 或 1.0 m 间距布设。
b) 利用滑动测微计或滑动变形计监测深部位移,其监测点沿测管轴线方向按 1.0 m 间距布设。
c) 对于土体分层沉降监测孔,监测孔内监测点宜布设在各层土的中部或界面上,也可等间距布设,布设间距宜为 1.0 m～2.0 m。当进行自动化监测时,其监测点布设应满足：监测级别为一级时,宜布设不少于 8 个监测点；监测级别为二级时,宜布设不少于 6 个监测点；监测级别为三级时,宜布设不少于 4 个监测点。
d) 利用钻孔位移计进行深部位移监测,其监测点布设应满足：监测级别为一级时,宜布设不少于 4 个监测点；监测级别为二级时,宜布设不少于 3 个监测点；监测级别为三级时,宜布设不少于 2 个监测点。
e) 对于固定式测斜仪,根据勘查结果选定滑面位置布设,也可参考钻孔位移计监测点布设要求。
f) 深部水平位移、竖向位移监测点宜结合布设。

8.4.2 监测孔内监测点设置,还应遵循监测级别越高、监测点布设越密的原则,宜根据钻孔柱状图等地质资料在地质条件差或岩土体可能发生显著变形破坏的部位加密监测点设置。

8.4.3 当根据前期勘查、勘探资料可初步判定滑坡、崩塌等地质灾害的变形控制部位（滑带、崩塌面）时,应对滑带、崩塌面的分布形态进行分析判断,并在滑带、崩塌面两侧 1.0 m 范围内各布设 1 个监测点。

9 成果资料整理

9.1 一般规定

9.1.1 数据采集的基本要求。在经济、技术条件具备的情况下,逐步实现监测数据采集自动化和实时监测。地质灾害应急抢险监测应在条件具备的情况下,在原有监测工作的基础上有针对性地加密监测点(孔),提高监测频率或增加监测项目,并宜进行远程自动化实时监测。

9.1.2 应使用附录 G 中的监测记录表格,及时进行监测资料的编录、整理和分析研究及综合评述,掌握监测数据的变化及发展情况。应尽可能采用计算机进行监测资料的编录、整理和分析研究。

9.1.3 监测报告的基本要求。及时分析滑坡、崩塌、地面塌陷、地面沉降和地裂缝等地质灾害的变形曲线形态。研究稳定判据和确定临界失稳速率，为防灾预报和整治工程设计提供信息。监测报告主要分为阶段性监测报告和监测总报告。

9.1.4 阶段性监测报告应根据实际需要以及监测级别要求，可提供日报、周报、月报、季报和年报等监测成果。监测成果应真实、准确、完整，宜采用文字与图形相结合的形式表达。

9.1.5 监测数据分析人员应具有地质灾害相关专业知识以及较高的综合分析能力，做到正确判断、准确表达，及时提供高质量的综合分析报告。

9.1.6 现场量测人员应对监测数据的真实性负责，监测分析人员应对监测报告的可靠性负责，监测单位应对整个项目监测质量负责。

9.1.7 手工记录的外业观测值和记事项目应直接记录于记录表格中，电子记录应及时保存。任何原始记录不得涂改、伪造和转抄。

9.1.8 监测结束，监测单位应提供以下资料，并按档案管理规定，组卷归档。
　　a) 收集的相关资料。
　　b) 监测方案。
　　c) 测点布设、验收记录。
　　d) 监测原始数据，包括手工记录表格、电子表格、绘图、计算机数据库和录音录像等。
　　e) 阶段性监测报告。
　　f) 监测总报告。

9.2 监测数据处理

9.2.1 监测数据采集后，应对监测数据进行预处理，减小粗大误差、系统误差、随机误差和其他原因造成的监测数据失真对分析、评价结果的影响。

9.2.2 由于计数或记录错误、操作不当、突然冲击振动等原因产生个别的粗差，宜采用统计方法判别，确定后应予以剔除。

9.2.3 系统误差中的恒值系统误差采用标准量代替法或抵消法消除，线性系统误差采用标准量代替法、平均斜率法或最小二乘法消除。

9.2.4 随机误差应确定其分布参数，主要是均值和均方值（标准误差），并设法减小标准误差。减小标准误差的方法包括平均值法、排队剔除法和数字滤波法。

9.2.5 取得现场监测资料后，应及时对监测资料进行整理、分析和校对，监测数据出现异常时，应分析原因，必要时应进行现场校对或复测。

9.2.6 对监测资料应及时进行分析处理。一般包括变形量、变形速率等，进行监测曲线拟合、平滑和滤波，绘制深部位移随深度的变化曲线和关键、典型深度位置处监测点深部位移随时间的变化曲线。

9.3 监测报告

9.3.1 监测阶段性报告宜以简报形式为主，主要对监测数据进行整理、汇总，绘制变形时程曲线和变形深度曲线，并对该时段的监测成果进行综合分析评价，提出下一阶段的监测工作安排及建议。

9.3.2 监测报告应简明扼要、突出重点、反映规律、结论明确，监测报告提纲按附录Ⅰ的规定编制。

附 录 A
（资料性附录）
地质灾害稳定现状评判表

A.1 滑坡稳定现状可按表A.1确定。

表 A.1 滑坡稳定现状评判表

判据	稳定性分级		
	稳定	欠稳定	不稳定
野外特征	①滑坡前缘较缓，临空高差小，无地表径流流经和继续变形的迹象，岩土体干燥； ②滑坡平均坡度小于25°，坡面上无裂缝发育，其上建筑物、植被未有新的变形迹象； ③后缘壁上无擦痕和明显位移迹象，原有裂缝已被充填	①滑坡前缘临空，有间断季节性地表径流流经，岩土体较湿，斜面坡度为30°～45°； ②滑坡平均坡度为25°～40°，坡面上局部有小的裂缝，其上建筑物、植被未有新的变形迹象； ③后缘壁上有不明显变形迹象，后缘有断续的小裂缝发育	①滑坡前缘临空，坡度较陡且常处于地表径流流经的冲刷之下，有发展趋势并有季节性泉水出露，岩土潮湿、饱水； ②滑坡平均坡度大于40°，坡面上有多条新发育的滑坡裂缝，其上建筑物、植被有新的变形迹象； ③后缘壁上可见擦痕和明显位移迹象，后缘有裂缝发育
稳定系数 F_s	$F_s > F_{st}$	$1.00 < F_s \leq F_{st}$	$F_s \leq 1.00$

注1：F_{st}为滑坡稳定安全系数，根据滑坡防治工程级别及其对工程的影响综合确定。
注2：引自《地质灾害危险性评估技术规范》(DZ/T 0286)。

A.2 采空地面塌陷稳定现状按表A.2a、表A.2b确定。

表 A.2a 采空地面塌陷稳定现状按采深采厚比判断

稳定现状	稳定	基本稳定	不稳定
采深采厚比	≥100	100～50	<50

表 A.2b 采空地面塌陷稳定现状按地表移动变形值判断

稳定现状	指标			
	年下沉量/mm	倾斜/(mm/m)	水平变形/(mm/m)	曲率/(mm/m²)
稳定	≤20	<3.0	≤20	≤0.2
基本稳定	20～60	3.0～6.0	2.0～4.0	0.2～0.3
不稳定	>60	>6.0	>4.0	>0.3

注1：采用上一级优先原则。
注2：引自《地质灾害危险性评估技术规范》(DZ/T 0286)。

A.3 岩溶地面塌陷稳定现状按表 A.3 确定。

表 A.3 岩溶塌陷稳定现状评判表

稳定现状	塌陷微地貌	堆积物形状	地下水埋藏及活动情况	说明
不稳定	塌陷尚未受到或已受到轻微充填改造,塌陷周围有开裂痕迹,坑底有下沉开裂迹象	疏松、呈软塑至流塑状	有地表水汇集入渗,有时见水位,地下水活动较强烈	正在活动的塌陷,或呈间歇式缓慢活动的塌陷
基本稳定	塌陷已部分充填改造,植被较发育	疏松或稍密,呈软塑至可塑状	其下有地下水流通道,有地下水活动迹象	接近或达到休止状态的塌陷,当环境条件改变时可能复活
稳定	已被完全充填改造的塌陷,植被发育良好	较密实,主要呈可塑状	无地下水活动迹象	进入休亡状态的塌陷,一般不会复活

注:引自《地质灾害危险性评估技术规范》(DZ/T 0286)。

附 录 B
（资料性附录）
地面沉降发育程度和地裂缝灾害规模分级表

B.1 地面沉降发育程度按表 B.1 确定。

表 B.1 地面沉降发育程度

因素		发育程度		
		强	中	弱
①近5年平均沉降速率/mm·a^{-1}	沿海	>40	20~40	<20
	内陆	>50	30~40	<30
②20年以来的累计地面沉降/mm	沿海	>800	300~800	<300
	内陆	>1 000	500~1 000	<500
注1：若①和②判定结果不一致时，以①的判定结果为准。				
注2：引自《地质灾害危险性评估技术规范》(DZ/T 0286)。				

B.2 地裂缝灾害规模分级按表 B.2 确定。

表 B.2 地裂缝灾害规模分级标准

地裂缝灾害规模	地裂缝规模
巨型	地裂缝长度>1 km，地面影响宽度>20 m
大型	地裂缝长度>1 km，地面影响宽度 10 m~20 m
中型	地裂缝长度>1 km，地面影响宽度 3 m~10 m，或地裂缝长度<1 km，地面影响宽度 10 m~20 m
小型	地裂缝长度>1 km，地面影响宽度 3 m，或地裂缝长度<1 km，地面影响宽度<10 m
注：引自《地裂缝灾害监测规范》(T/CAGHP 092)。

附 录 C
（资料性附录）
钻孔现场记录表式

_____工程钻探野外记录　　　全____页,第____页

钻孔(探井)编号：_____　　　孔(井)口标高：_____m

工作地点：_____　　　钻机型号：_____

钻孔口径:开孔_____m　　　终孔_____m

孔(井)位坐标:X_____m　　　Y_____m

地下水位:初见_____m　　　静止_____m

时间:自_____年____月____日____起　　　至_____年____月____日____止

回次	进尺/m		地层名称	地层描述						岩石质量指标RQD	岩芯采取率	土样				原位测试类型及成果	钻进过程情况记载
	自	至		颜色	状态	密度	湿度	成分及其他	钻头	套管			编号	取样深度	取土器型号	回收率		

钻探单位_____　　　钻探机长_____　　　钻探班长_____　　　记录员_____

T/CAGHP 052—2018

附 录 D
（资料性附录）
现场钻孔柱状图式

野外钻孔柱状图

工程名称：_____ 终孔深度：____m 钻机型号：_____ 钻进日期：____年__月__日

孔号：_____ 孔口标高：____m 孔位坐标：X____m；Y____m 地下水位：初见____m；静止____m

层序	深度及标高/m	层厚/m	图例	岩性描述	岩芯		土样	原位测试	
					采取率/%	RQD/%	取样深度及取样器型号	类型	测试结果

制图_____ 校对_____

附 录 E
（规范性附录）
监测仪器技术参数要求

监测仪器	监测项目	仪器精度	重复性	量程	监测误差
钻孔测斜仪	水平位移 竖向位移	精度 0.25 mm/m 或 0.05 ‰F·S； 分辨率 0.02 mm/500 mm 或 8″	0.05 ‰F·S	0～±30°	应小于 变形量的 1/10～1/20
滑动测微计	水平位移 竖向位移	精度 0.003 mm/m，分辨率 0.001 mm/m	0.003 mm	±10 mm	
滑动变形计		精度 0.03 mm/m，分辨率 0.01 mm/m	0.03 mm	±10 mm	
钻孔位移计	水平位移 竖向位移	精度 0.03 mm，分辨率 0.01 mm	1‰F·S	±20 mm	
分层沉降仪	竖向位移	0.1 mm		1.5 mm	
注：对于地质灾害深部位移监测仪器的技术参数要求，仪器精度为不低于表中数值，重复性为不大于表中数值，量程为不小于表中数值。					

附 录 F
（规范性附录）
监测点埋设技术要求

F.1 钻孔测斜仪监测点埋设技术要求

F.1.1 一般要求

a) 钻孔测斜仪监测点宜采用埋设测斜管的形式，钻孔终孔孔径宜为110 mm～130 mm，测斜管的直径宜为45 mm～90 mm，测斜管管口部位宜采用钢套管保护，管底应进行封堵。

b) 测斜管宜采用PVC、ABS塑料、玻璃纤维或铝合金等材料加工而成，其刚度宜与周围介质的相当，管内壁须有双向互成90°的导槽。

c) 长期监测宜用铝合金测斜管，临时性监测可用塑料测斜管。

F.1.2 测斜管埋设技术要求

a) 测斜管安装前要检查测斜管是否平直，两端是否平整，内壁应平整圆滑，导槽不得有裂纹结瘤。按埋设长度要求在现场将测斜管逐根进行标记预接。安装时测斜管的对接处导槽必须对准，并套上管接头，使用铝合金测斜管时在其周围对称地钻4个孔以便铆接，铆接测斜管接头应避开导槽，在管接头与测斜管接缝处用胶泥填塞，再用防水胶带缠紧。测斜管底端加底盖并用胶带缠紧密封，以防止注浆液渗入管内。装配好的测斜管导槽扭转角≤0.17°。

b) 测斜管应保证下放到设计孔深。用承重吊绳、绞车、套管夹等装置，起吊对接好的测斜管，缓慢地放入测孔内，确认下放到孔底后，才能松开起吊装置。

c) 钻孔内有地下水时，要在测斜管内注清水，避免测斜管被水浮起而无法下放。

d) 检查记录下放到孔底的每一测斜管接头的深度和测斜管导槽的方向，使其中一对导槽的方向与预计的位移方向保持一致，并用罗盘或其他测量仪器校对准确。

e) 将模拟探头放入测斜管并沿导槽检查确认导槽畅通无阻后，才能固定测斜管。为防止浆液或其他杂物掉入测斜管内，应在测斜管上端加盖封口。

f) 固管水泥浆凝固后的变形性质、弹性模量，应与钻孔周围岩土体相近。为此，应事先进行试验，确定水灰等物配合比。

g) 测斜管与钻孔之间的空隙，应采用底部返浆法注浆（边注边拔），不得从孔口倒浆液。灌注完成后做好孔口保护装置和测试平台（1.5 m×1.5 m）。

h) 用灌浆法将测斜管牢固地固定在钻孔中，不能出现晃动和转动，并量测测斜管导槽方位、管口坐标及高程。

i) 对安装埋设过程中发生的问题要作详细记录（图F.1）。

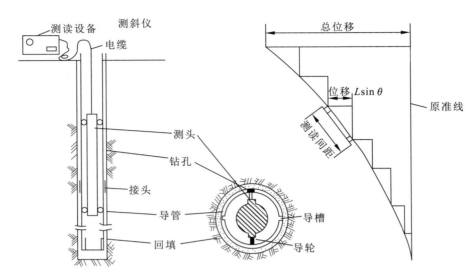

图 F.1 钻孔测斜仪监测示意图

F.2 滑动测微计、滑动变形计监测点埋设技术要求

F.2.1 一般要求

a) 滑动测微计、滑动变形计监测点宜采用钻孔埋设测管的形式,测管由套管和测标连接而成,测标与周围岩土体紧密接触,与周围岩土体一起发生位移。

b) 套管宜采用聚氯乙烯(PVC)工程塑料管,套管的材质和构造不应妨碍测标随被测岩土体一起发生位移;测标外壳材质可用结构钢或硬塑料,外表面应有凹凸以增加与周围介质的黏结力。

c) 钻孔孔径宜为 110 mm~130 mm,套管的直径宜为 75 mm~90 mm;测管管口部位宜采用钢套管保护,管底应进行封堵;测管宜采用分段连接绑扎形式,宜每 1 m 绑扎一次。

F.2.2 测管埋设技术要求

a) 测管安装前应对套管和测标逐一进行检查,对异常的套管和测标应放弃使用,对内侧有污垢和灰尘的套管和测标应擦拭干净;测管在埋入被测试体前应进行预连接,预连接长度视埋设时空间大小决定,且不宜超过 3 m;套管与测标的连接处应有防水措施;测管埋设时应保证测标与套管方向一致;测管的底部应有底盖封堵,顶部有顶盖保护,防止杂物进入。

b) 按次序连接测管并送入钻孔中,送进时平稳用力,严禁转动测管;从上至下放置测管时,应采取防止测管拉脱的措施。当采用在钻孔中注入清水防止测管拉脱的措施时,宜在测管中注入清水以降低浮力对测管安装工作的影响。

c) 安装时可在钻孔底测管外绑扎绳索,以在测管安装错误时方便取出测管。测管全部送入钻孔后,应采用测试探头或模型探头试测,检验测管是否连接无误;封闭孔口,浇注孔口混凝土保护墩等保护装置,保护装置初凝后进行测管浇注。推算各测标所在位置,做好安装记录。

d) 宜采用流动性好,凝固后力学参数和岩体相近的注浆材料将测管浇注在岩体当中。无条件时,可采用水灰比为1∶1~1∶2的水泥浆进行浇注,并可根据需要配以适当的早强剂和减水剂,水泥为42.5R普通硅酸盐水泥。

e) 宜采用直径2 cm左右的耐高压厚壁塑料管作为灌浆管。应采用两根注浆管,一根注浆管深入钻孔长度应超过测管安装深度不小于0.5 m,另一根长度深入钻孔长度约1 m。灌浆时按浆液低高程进、高高程出的原则,视钻孔方向和倾角选择上述两根注浆管分别作为进浆管和排气出浆管。

f) 清洗灌浆泵,连接注浆管,并保持灌浆泵工作状态良好。充分搅拌注浆浆液,滤除其中粗团块后注浆,注浆压力按能顺利注浆的最小压力确定,灌浆一经开始,中途严禁长时间停顿。

g) 注浆浆液自排气出浆管中排出,目视排出的浆液与搅拌的浆液一致后停止注浆,封堵出浆管,加压补充部分浆液完成测管浇注;灌浆结束后,立即检查测管内部是否存在漏浆现象,若有漏浆,必须立即用高压清水清洗干净;浆液凝固产生空洞时,应进行补灌,使填充体饱满密实(图F.2)。

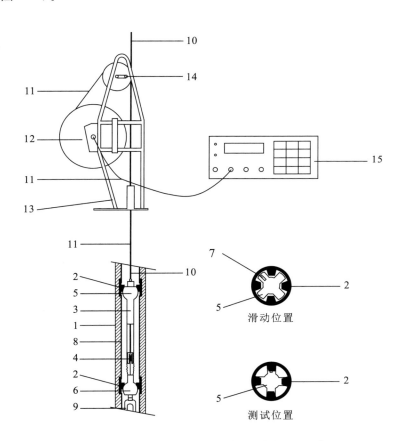

图F.2 滑动测微计、滑动变形计监测示意图

1. 被测体;2. 测标;3. 测试探头;4. 线性位移传感器;5. 上球形头;6. 下球形头;7. 探头方向槽;8. 套管;9. 导向链;10. 操作杆;11. 测量电缆;12. 绞缆盘;13. 电缆绞车;14. 绞车操作手柄/制动;15. 数据采集仪

F.3 钻孔位移计监测点埋设技术要求

F.3.1 一般要求

a) 多点位移计监测点宜采用在钻孔不同深度处埋设测点（锚头）的形式，当各个锚固点的岩土体产生位移时，经传递杆传至钻孔的基准端，各点位移量宜在基准端进行量测。

b) 孔内测点（锚头）应紧密锚固，并与周围岩土体一起发生位移；孔内最深的测点应位于不动层中。

c) 表筒孔开孔直径宜为110 mm～150 mm，深度宜为500 mm～600 mm；锚头孔开孔直径宜为90 mm～110 mm，表筒孔直径应比锚头孔直径最少大20 mm。

F.3.2 位移计埋设技术要求

a) 组装后的位移计经检测合格后，整体送入孔内（注意要使用安全绳，以便必要时可将位移计测杆拉回），入孔速度应缓慢，安装运输时，支撑点间距应不小于2 m，曲率半径不得小于5 m，如遇长测杆（＞6 m），可分段置入孔口连接。

b) 全部测杆完全送入孔中，测杆束上端面尽量处于同一平面内，并距扩孔底面以下约5 cm，测杆保护管比测杆短约15 cm。

c) 位移计入孔后，固定安装基座，并使其与孔口平齐，在固定基座与保护管的连接处涂抹PVC胶粘剂，然后把它嵌入与套管管口平齐，直到胶粘剂固化为止。

d) 在固定安装基座时，排气管从基座旁边引出，排气管应伸进钻孔内0.5 m～1 m，孔外预留长度2 m～3 m。

e) 将孔口部位的测头组件与钻孔之间的间隙用速凝水泥回填并尽可能使其密实，待封孔水泥初凝后以0.1 MPa～0.2 MPa的灌浆压力进行灌浆。

f) 灌浆前，要将管路用泵打入水以降低摩擦，灌浆速度不可过快，直到排气孔回浆为止；注浆材料其弹性模量接近或小于其周围介质，一般情况下，砂浆的灰砂比为1∶2，水灰比为0.38∶1～0.5∶1，加入水泥重5%的膨胀剂、1%的减水剂，适当掺入早强剂。

g) 灌浆结束24 h后，打开基座保护罩，将传感器安装固定到基座传感器固定杆上，同时记录下每支传感器的出厂编号以及对应的测杆编号和测深位置。

h) 用配套频率读数仪逐一测读各支传感器并做好记录，若全部测读正常，将保护罩的电缆出口处安装好橡胶保护套，将全部测点传感器的信号电缆集成一束从橡胶护套中沿保护罩由内向外传出，最后安装上保护罩（图F.3）。

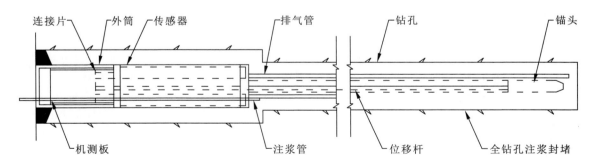

图F.3 钻孔位移计监测示意图

F.4 分层沉降仪监测点埋设技术要求

F.4.1 一般要求

a) 土体分层沉降监测点宜采用埋设分层沉降管、管外套磁环的形式;分层沉降管材质宜采用PVC工程塑料管,沉降管的刚度宜与周围介质的相当。

b) 钻孔孔径宜为110 mm~130 mm,沉降管直径宜为45 mm~90 mm;管径宜根据磁环内径确定,应比磁环内径略小。

F.4.2 沉降管埋设技术要求

a) 沉降管用外接头和胶水连接,接头处密封不透水;管底用闷盖和胶水密封,外面用土工布绑扎。

b) 按照设计要求在预定位置套上磁环,磁环用定位环固定在沉降管上,并用螺丝固定定位环。

c) 将装配好的沉降管放入钻孔中,需用力将沉降管压到孔底,也可一边下管子一边向管子内注入清水(管子浮力太大时);然后再把管子插入外接头内连接下一段管子,拧紧螺钉,这样边接边向下放到设计深度为止。

d) 确认到孔底后,管口盖上盖子就可以进行回填。回填料应与钻孔周围地层一致,回填过程中可适当加水,回填速度宜缓慢,回填应密实、不留空隙。宜隔1 d~2 d后再进行检查,若填料下沉,需再次填满。

e) 填满后在管子周围应加上保护措施,且孔口必须严格密封,防止进水(图 F.4)。

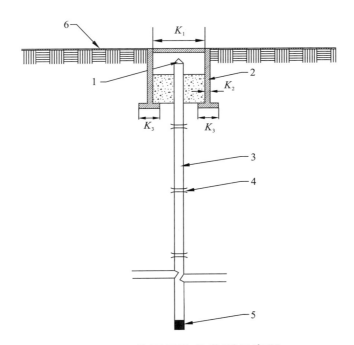

图 F.4 分层沉降仪监测示意图

1.分层沉降管保护盖;2.保护井;3.分层沉降管;4.磁环;5.分层沉降管底封堵端;6.地表;K_1.保护井盖直径;K_2.保护井井壁厚度;K_3.井底垫圈宽度

附 录 G
（资料性附录）
地质灾害深部位移监测记录数据格式

G.1 钻孔测斜仪监测数据表格

表 G.1a 钻孔测斜仪原始数据表格

监测工程地点、名称：				监测孔号：	
仪器编号：				监测时间：	
测点号	深度	A+	A−	B+	B−

表 G.1b 钻孔测斜仪结果数据表格

监测工程地点、名称：				监测孔号：		
仪器编号：				监测时间：		
测点号	A变化	A累积	B变化	B累积	水平位移	竖向位移	位移方向

G.2 滑动测微计、滑动变形计监测数据表格

表 G.2 滑动测微计、滑动变形计结果数据表格

第　页			共　页	
工程名称：			测试时间：	
测管编号：			测试工况：	
其他信息：				
测试单元编号	进程		回程	
	测值	温度/℃	测值	温度/℃
备注：				

测试：　　　　　　　　记录：　　　　　　　　审核：

G.3 多点位移计监测数据表格

表 G.3a 多点位移计原始数据表格

监测工程地点、名称：		监测孔号：	
仪器编号：		监测时间：	
锚固点 1 测值	锚固点 2 测值	……	锚固点 n 测值

表 G.3b 多点位移计结果数据表格

监测工程地点、名称：		监测孔号：	
仪器编号：		监测时间：	
锚固点号	传感器测值	锚固点初始值	锚固点位移

G.4 分层沉降仪监测数据表格

表 G.4a 分层沉降仪原始数据表格

监测工程地点、名称：		监测孔号：	
仪器编号：		监测时间：	
沉降磁环 1 测值	沉降磁环 2 测值	沉降磁环 3 测值	沉降磁环 4 测值

表 G.4b 分层沉降仪结果数据表格

监测工程地点、名称：			监测孔号：	
仪器编号：			监测时间：	
孔口初始高程：			孔口本次高程：	
沉降磁环编号	磁环初始高程	磁环本次测值	磁环本次高程	磁环位移

附 录 H
（资料性附录）
地质灾害深部位移监测网布设

H.1 滑坡、崩塌深部位移监测网布设

滑坡、崩塌监测剖面布设如图 H.1 所示，监测孔布置如图 H.2 所示。

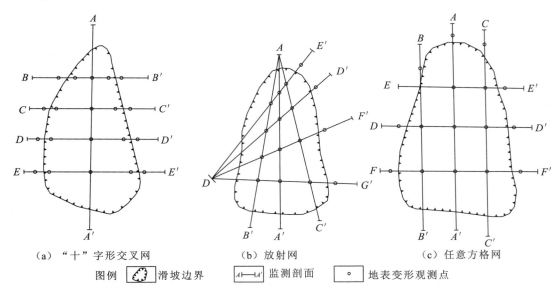

图 H.1 滑坡、崩塌监测剖面布设示意图

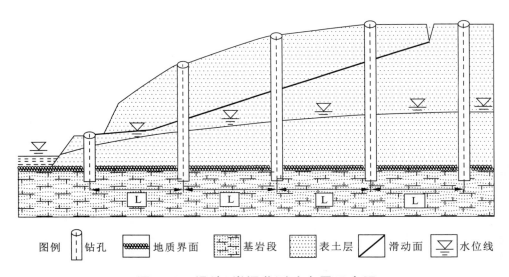

图 H.2 滑坡、崩塌监测孔布置示意图

H.2 地面沉降、地面塌陷深部位移监测网布设

地面沉降、地面塌陷监测剖面布设如图 H.3 所示,监测孔布置如图 H.4 所示。

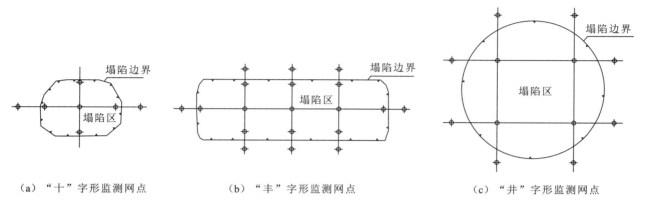

图 H.3 地面沉降、地面塌陷监测剖面布设示意图

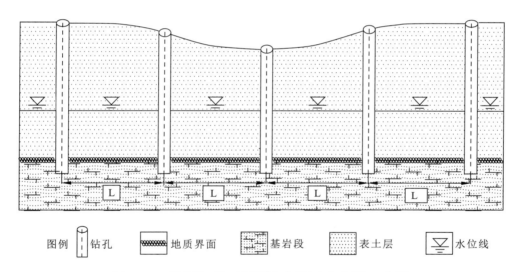

图 H.4 地面沉降、地面塌陷监测孔布置示意图

H.3 地裂缝深部位移监测网布设

地裂缝监测剖面布设如图 H.5 所示,监测孔布置如图 H.6 所示。

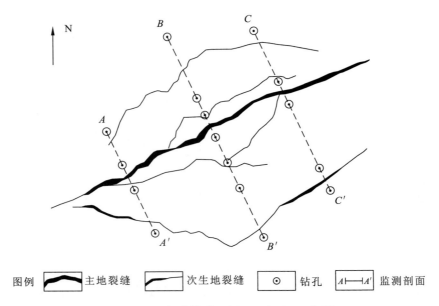

图 H.5 地裂缝监测剖面布设示意图

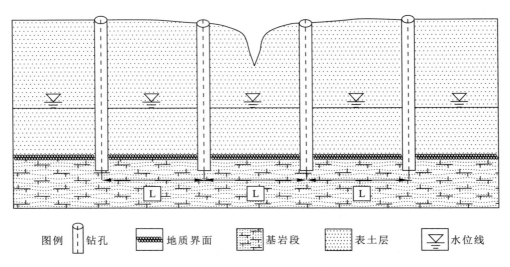

图 H.6 地裂缝监测孔布置示意图

附 录 I
（资料性附录）
地质灾害深部位移监测成果报告提纲

一、工程概况

应说明监测工作区的地理位置、行政区划、任务来源、自然条件、水文气象、地质条件、地质灾害类型及特征、地质灾害成因及稳定状态等。

二、监测方案

应说明监测的目的、任务、分级和对象；监测网点布设的原则、监测坐标系与大地坐标系的关系、测点布设和优化调整情况；实际监测采取的方法和频率，使用的监测仪器设备的名称、型号、相关参数；监测人员的构成情况。

1. 监测目的和任务。
2. 监测范围和监测级别。
3. 地质灾害体及变形特性。
4. 监测剖面及监测点布置。
5. 监测方法和频率。
6. 监测仪器设备与监测人员。

三、监测数据处理与成果分析

应说明监测数据采集的流程、遇到的问题和误差消除的方法，编制相关表格，建立相关数据库，说明资料处理的方法，绘制相应的曲线并进行时序和相关分析。

1. 监测数据采集整理。
2. 监测数据处理分析。

四、结论与建议

应明确给出监测对象深部位移监测的评价及预测结果，根据灾害体现状及发展趋势提出建议。

五、监测成果附件

1. 地质灾害工程地质平面图及剖面图。
2. 监测平面和剖面布置图。
3. 监测点建标记录表（包括建标施工、仪器安装、环境照片）。
4. 监测数据分析成果图。
5. 人工巡视等相关记录、照片或视频资料。
6. 委托方或主管部门要求的其他图件等。